Impressum:

Copyright © 2016 GRIN Verlag
Druck und Bindung: Books on Demand GmbH, Norderstedt Germany
ISBN: 9783668628281

Moritz Nicklas

Komplementäre und alternative Behandlungsmethoden von Karzinomen

GRIN Verlag

KOMPLEMENTÄRE UND ALTERNATIVE BEHANDLUNGSMETHODEN VON KARZINOMEN

Moritz Nicklas

Inhaltsverzeichnis

1 Einleitung

„Als Sein und Geschehen wird von der Aufklärung nur anerkannt, was durch Einheit sich erfassen lässt; ihr Ideal ist das System, aus dem alles und jedes folgt [1, p. 13]." So lautet eine zentrale These des Hauptwerkes der „Frankfurter Schule" mit dem Titel „Dialektik der Aufklärung", dessen Autoren Theodor W. Adorno und Max Horkheimer waren, welche das Hauptmerkmal der Naturwissenschaften (hier mit Aufklärung umschrieben) – nach der Meinung Adornos und Horkheimers – beschreibt, nämlich, dass diese durch logische Systeme die Welt als Einheit – so zum Beispiel durch die Gesetzte der Physik – beschreiben würden. Die Wirksamkeit naturheilkundlicher Verfahren zum Beispiel konnte jedoch selten durch diese Naturwissenschaften erfasst werden (z. B. durch Studien) und würde der These folgend ergo nicht als „Sein und Geschehen" anerkannt werden; somit würden diese Verfahren als a priori nicht wirksam beschrieben werden; Spontanheilungen werden hier selbstverständlich ausgenommen, da der Begriff „System" eine gewisse Reproduzierbarkeit und Häufigkeit fordert. Doch wieso nehmen dann so viele Patienten in einer von der Aufklärung durchdrungenen Zeit, in der mythologische Ereignisse und Wunder nur mehr wenig gesellschaftliche Anerkennung besitzen und so e contrario die Naturwissenschaften einen festen Platz im Bewusstsein der Menschen haben, wobei diesen als nahezu einzige Institution (neben der Religion) die Fähigkeit zur Erklärung der Welt und ihrer Phänomene zuerkannt wird, alternative Methoden in Anspruch, wo doch keine Wirksamkeit bewiesen ist? Wieso gehen Krebspatienten, die durch konventionelle Methoden mit einer relativ großen Wahrscheinlichkeit geheilt werden könnten, das Risiko ihres Todes ein? Unterdrücken die Naturwissenschaften vielleicht durch ihr System, das jede Wunderheilung ausschließt, eine Sehnsucht im Menschen nach eben diesen unerklärbaren Phänomenen?

Um diese Fragen klären zu können, ist es nötig, sich zuerst eine konventionelle Methode anzusehen und daraus mögliche Schlüsse zu ziehen. Deshalb werde ich im Folgenden das Prinzip der Chemotherapie darstellen.

2 Chemotherapie

Die Chemotherapie stellt zusammen mit der Tumorresektion (operative Entfernung des Karzinoms) und der Bestrahlungstherapie eine der drei wichtigsten Behandlungsmethoden der Schulmedizin dar. Sie ist also eine Methode, die durch logische Systeme bereits analysiert, prädisponiert und deren Wirksamkeit folglich durch die Naturwissenschaften bewiesen worden ist. Zwar werden diese Methoden oftmals in Kombination mit einander angewendet, jedoch soll in diesem Kapitel meiner Arbeit die Chemotherapie stellvertretend für die anderen zwei Behandlungsmethoden stehen. Im Folgenden werde ich zuerst die Grundlagen einer Chemotherapie darstellen und besonders einen kleinen Einblick in die chemischen Vorgänge bei der Verwendung von Alkylanzien, einer Unterart der Zytostatika, gewähren, um dann am Ende des Kapitels im auf die Nebenwirkungen einer Therapie mit Zytostatika zu sprechen kommen, da diese, wie man dann sehen wird, auch zum Erfolg der CAM-Methoden beitragen.

2.1 Grundlagen der Chemotherapie

Das Grundprinzip der Chemotherapie basiert auf der Verabreichung von sogenannten Zytostatika, das bedeutet dem Patienten werden Medikamente verabreicht, die das Zellwachstum durch die Inhibition der DNA-, RNA- und Proteinsynthese hemmen oder den Stoffwechsel der Zellen stören und damit das Wachstum der Zellen hemmen. Durch diese Inhibition soll die Nekrose (Zelltod) beziehungsweise Apoptose (Selbstzerstörung) der Tumorzellen erreicht werden [2, p. 401] [3]. Zytostatika haben eine geringe therapeutische Breite, das bedeutet, dass diese auch gesunden Zellen schädigen. Jedoch funktionieren die Reparatursysteme zum Beispiel für die Behebung von Schäden an der DNA (die durch die oben genannte Inhibition der DNA-Synthese auftreten) bei den Tumorzellen nicht so gut wie bei Nicht-Tumorzellen, wobei Tumorzellen zudem eine hohe Proliferationsrate aufweisen, wodurch mehr zellschädigende Vorgänge als im Vergleich zu Zellen mit niedrigen Zellteilungsraten ablaufen, denn bei jeder Zellteilung kommt es zu Fehlern [3]. Somit werden Tumorzellen bevorzugt geschädigt [2, p. 403], wobei es aber auch zu erheblichen Nebenwirkungen kommen kann (Kapitel 2.4). Durch diese geringe therapeutische Breite lässt sich auch erklären, dass der Erfolg der

Chemotherapie zwar durch die Wahl der Zusammensetzung der verabreichten Medikamente beeinflusst werden kann, aber jedes Stoffwechselsystem (und damit jeder Patient) reagiert auf andere Weise auf Zytostatika, wodurch die Affinität der Medikamente beeinträchtigt wird und somit zusätzlich zum Effekt der Normalzellschädigung auch noch eine hohe Varianz in der Verarbeitung der Medikamente auftritt, was zusätzliche Probleme bereiten kann. Zum Beispiel werden bei einem Patienten die Medikamente schneller ausgeschieden als bei einem anderen Patienten. Somit ergibt sich die Problematik der Pharmakokinetik und Pharmakodynamik [2, p. 402], was ich kurz in Kapitel 2.3 erwähnen werde.

Man kann grob zwischen den verschiedenen Wirkungsarten der Zytostatika unterscheiden, die ich im Folgenden in aller Kürze darstellen werde, um einen Eindruck von der Vielfalt der Wirkungsweisen zu bekommen.

Alkylanzien verursachen durch Strukturänderungen und Vernetzungen der DNA-Stränge Strangbrüche und Änderungen der Basensequenz und verhindern beziehungsweise Beeinflussen somit die DNA-Replikation und DNA-Transkription, wodurch es zu Fehlern in der Zellteilung kommt, was so schwerwiegend ist, dass dann die Apoptose eingeleitet wird [2, p. 404].

Antimetabolite hemmen Enzyme, die für die Synthese von Bauteilen für die Nukleotide von Bedeutung sind, wodurch die DNA in der Interphase nicht repliziert werden kann, weshalb dann keine Zellteilung stattfinden kann [2, p. 405].

Vinca-Alkaloide und Taxane verändern die Mikrotubuli der Zellen, die bei einer Zellteilung die beiden Chromatiden eines Chromosoms im doppelten Chromosomensatz voneinander trennen und somit für die genaue Verteilung des Erbmaterials auf die beiden Tochterzellen verantwortlich sind. Vinca-Alkaloide verhindern den Aufbau der Mikrotubuli, weshalb eben diese Verteilung des Erbmaterials nicht erfolgen kann und dadurch keine funktionstüchtigen Tochterzellen entstehen können, währenddessen Taxane den Abbau der Mikrotubuli verhindern, wodurch die Tochterzellen zwischen der Mitosephase und der Wachstumsphase arretiert werden und nicht so wachsen können, dass wieder eine Zellteilung möglich wäre [2, pp. 408-409] [4].

Es existieren noch weitere Unterarten der Zytostatika, aber ich glaube, dass das Grundprinzip der Wirkmechanismen der verwendeten Zytostatika ersichtlich wurde.

Wichtig ist auch, dass Zytostatika zellphasenspezifisch sein können, das bedeutet, dass diese nur in bestimmten Phasen der Zelle wirksam sind und somit auch nur zu bestimmen Zeiten verabreicht werden sollten. Ein Beispiel wären die Vinca-Alkaloide und Taxane, da diese nur in der M-Phase (Mitose-Phase) wirksam sind [2, p. 407].

Auch können Zytostatika zellphasenunspezifisch sein, also ist es folglich unbedeutend in welcher Zellphase sich die Zelle befindet. Ein Beispiel wären hier die Alkylanzien und Metaboliten [2, p. 407].

Es gäbe sicherlich noch viel zu sagen, jedoch glaube ich, dass ich die Grundlagen dargestellt habe, die für das Verständnis der weiteren Kapitel und vor allem in Bezug auf den Schwerpunkt meiner Arbeit, die CAM-Methoden, wichtig sind.

2.2 Funktionsmechanismus der Alkylanzien

Alkylanzien bewirken durch kovalente Bindungen an der DNA Strangbrüche [5, p. 12]. Ich habe als Beispiel dieser Gruppe der Chemotherapeutika das am meisten verwendete Alkylans Cyclophosphamid (Abb. 1) ausgewählt, das bei einem breiten Spektrum von Karzinomen angewendet wird [5, p. 19].

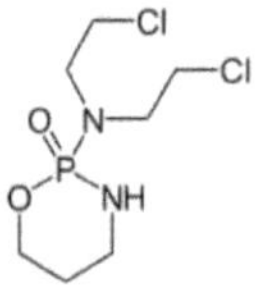

Abbildung 1: Cyclophosphamid [34]

Cyclophosphamid ist jedoch noch nicht bioaktiv, sondern dieses wird in zwei Schritten, erst in der Leber zu 4-Hydroxycyclophosphamid umgewandelt, das dann endgültig in Phosphoramidmustard (Abb. 2) und Acrolein zerfällt [5, p. 12] [2, p. 405].

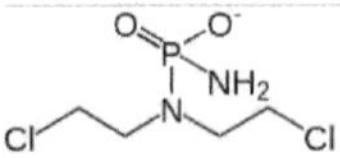

Abbildung 2: Phosphoramid-Mustard [32]

Wichtig für die Funktionsweise des Alkylans ist nur das Phosphoramidmustard; das Nebenprodukt Acrolein ist für dieses Kapitel unwichtig, jedoch versursacht es einige Nebenwirkungen.

Ich möchte die Wirkungsweise des Phosphoramid-Mustards anhand Abbildung 3 beschreiben; dabei orientiere ich mich wie auch auf der Abbildung im Uhrzeigersinn. Es

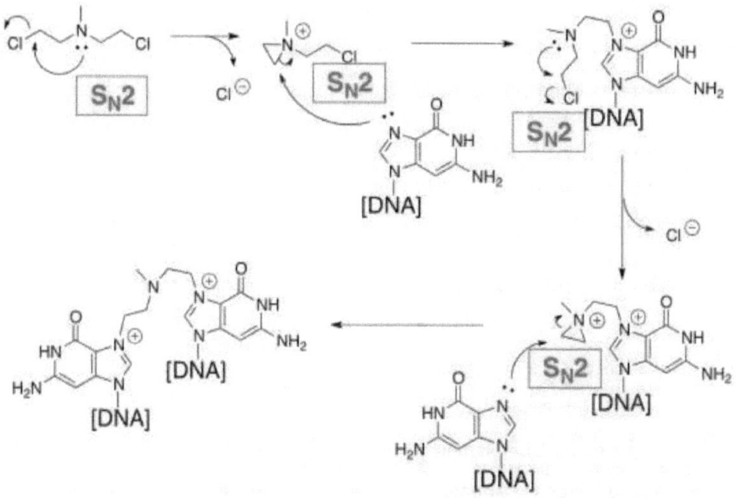

Abbildung 3: Funktionsmechanismus des Cyclophosphamids durch Verknüpfung von Guanin-Basen [33]

existieren auch noch andere Wirkmechanismen des Cyclophosphamids, jedoch stelle ich hier nur den Mechanismus der Verknüpfung von Guanin-Basen dar.

Im ersten Reaktionsschritt findet eine SN2-Reaktion (bimolekulare nucelophile Substitution) statt, das bedeutet, dass das nucleophile Stickstoff-Atom die Bindung der CH_3-Gruppe zu einem der beiden Chlor-Atome begehrt, wobei ein Chlor-Anion abgespalten wird und -wie in Schritt 2 zu sehen- das zentrale Stickstoff-Nucleophil nun eine Bindung mit der nun freigeworden CH_3-Gruppe eingeht.

Im zweiten Reaktionsschritt erfolgt wieder eine SN2-Reaktion, jedoch zwischen Guanin, einer Nucleinbase der DNA, und dem Reaktionsprodukt des vorherigen Reaktionsschrittes. Das Nucleophil ist bei diesem Schritt das elektronenreiche Stickstoffatom an der N-7-Position des Guanins (gekennzeichnet durch zwei Punkte, welche das nicht-bindende Elektronenpaar darstellen) [2, p. 404]. Dieses Nucleophil begehrt die selbe CH_3-Gruppe des Phosphoramidmustards wie in Schritt 1, wobei dann -wie auf dem dritten Bild zu sehen- Guanin und Phosphoramidmustard eine Bindung eingegangen sind.

Der dritte Reaktionsschritt ist im Grunde genommen derselbe wie in Schritt eins, es findet also wieder einer SN2-Reaktion zwischen einem Chlor-Anion (dieses Mal jedoch das Chlor-Anion am anderen „Ast" des Phosphoramid-Mustards), wobei dann das Chlor-Anion abgespalten wird und das zentrale Stickstoff-Nucleophil des Phosphoramid-Mustards eine Bindung mit der freigewordenen CH_3-Gruppe eingeht.

Schritt vier läuft ebenso wie Schritt drei ab, jedoch findet dieses Mal die SN2-Reaktion mit einer anderen Guanin-Base statt, sodass dann -wie in Bild 5 zu sehen- durch das Phosphoramid-Mustard eine Verknüpfung von zwei Guanin-Basen erfolgt ist.

Eben durch diese Verknüpfung von zwei sonst nicht miteinander verbunden Basen kommt es bei der Replikation und Transkription zu schwerliegenden Fehlern, da das veränderte Guanin Fehlbindungen mit Thymin, einer anderen Nucleinbase, eingeht, wodurch die Basenfolge verändert wird. Insofern die richtige Dosis eingesetzt wird, kommt es zur Überlastung der Reparatursysteme der Zelle, wodurch nicht alle Fehler korrigiert werden können. Zusätzlich kann es bei Reparaturversuchen der Zelle zu Strangbrüchen kommen [5, p. 16].

Diese Strangbrüche und Fehler in der Basenfolge veranlassen die Zelle nun dazu die Apoptose einzuleiten und somit die Zelle zu zerstören.

2.3 Durchführung einer Chemotherapie

Im Folgenden werde ich einen kurzen Einblick in die Durchführung einer Chemotherapie geben. Grundsätzlich lässt sich sagen, dass eine gute Ausbildung des behandelnden Arztes, eine fundierte Diagnose und die Aufklärung des Patienten Grundvoraussetzung für jede Karzinomtherapie ist [2, p. 412].

Auch muss vor einer Behandlung festgestellt werden, ob nicht etwas gegen eine Chemotherapie spräche, was zum Beispiel gegeben wäre, wenn der Patient in einem zu schlechten Zustand für eine Chemotherapie wäre oder der Patient schwanger wäre [2, p. 413].

2.3.1 Arten der Chemotherapie

Man kann grundsätzlich zwischen drei Arten der Chemotherapie unterscheiden:

- Die Adjuvante Chemotherapie wird nach einer operativen Entfernung und/oder nach einer Strahlentherapie eingesetzt, um Mikrometastasen (kleinste Streuungen des Tumors, die auf andere Organe übergreifen können und wieder wachsen können) zu bekämpfen [2, p. 412].
- Die Neoadjuvante Chemotherapie wird vor einer operativen Entfernung und/oder Strahlentherapie eingesetzt, um die Größe beziehungsweise die Ausdehnung des Tumors zu reduzieren und damit eine größere Erfolgschance zu erreichen [2, p. 412].
- Die palliative Chemotherapie wird dann eingesetzt, wenn die Heilung aussichtslos erscheint und eine Verlängerung der Lebensdauer und eine Schmerzlinderung erreicht werden soll [2, p. 412].

2.3.2 Zusammensetzung der Medikamente

Die Zytostatika werden meist nicht als Einzelwirkstoffe eingesetzt (Monotherapie), sondern es werden mehrere Zytostatika gleichzeitig verabreicht (Polychemotherapie). Indessen können die verschiedenen Zytostatika auch als Wirkkomplexe synergetische Effekte erzielen, das bedeutet, dass ihre Wirkungen oftmals aufeinander aufbauen. Bei der Wahl der Zytostatika wird vor allem darauf geachtet, dass sich Nebenwirkungen nicht überlappen, also, dass der Patient nicht unnötigen Schmerzen ausgesetzt wird und dass die Medikamente möglichst spezifisch gegen einen bestimmten Tumor wirken. Auch wird darauf geachtet, dass die Medikamente zur richtigen Zeit, was vor allem bei zellzyklusspezifischen Zytostatika wichtig ist, verabreicht werden [2, pp. 409-410].

2.3.3 Zytostatikaresistenz

Für den Erfolg einer Chemotherapie ist nicht nur die Wahl der Medikamente wichtig, sondern im Besonderen, wie resistent die Zellen gegen Zytostatika sind. Diese Resistenz wird vor allem dadurch beeinflusst, ob die betreffenden Zellen eine hohe Vermehrungsrate besitzen, denn Tumorzellen, die sich schnell vermehren, sind sensitiver für Zytostatika als Zellen, die sich nicht so schnell vermehren, weil bei einer hohen Vermehrungsrate häufiger zellschädigende Vorgänge – wie bei den Alkylanzien gezeigt bei der Reduplikation – ablaufen [2, p. 410]. Auch hat es auf die Resistenz Auswirkungen, wie schnell der Körper die Zytostatika metabolisiert (verstoffwechselt) und damit unwirksam ausgeschieden werden und wie sich diese im Körper verteilen (Pharmakodynamik und -kinetik) [2, p. 411].

Es gibt auch noch andere Arten der Resistenz gegen Zytostatika, jedoch sind die Vermehrungsrate und die Pharmakodynamik/-kinetik die Wichtigsten.

2.4 Nebenwirkungen und deren Behandlung

Die Nebenwirkungen der Chemotherapie sind zahlreich und beeinträchtigen die Patienten oftmals immens.

Die häufigste Nebenwirkung ist die Myelotoxizität, das bedeutet, dass die Bildung von weißen Blutkörperchen gehemmt wird und dadurch das Immunsystem geschwächt wird, was ein erhöhtes Infektionsrisiko zur Folge hat. Diese Nebenwirkung ist so schwerwiegend, dass diese dosislimitierend ist [5, p. 18] [2, p. 419].

Eine weitere von Patienten als sehr belastend empfundene Nebenwirkung sind Übelkeit (Nausea) und Erbrechen (Emesis), was durch die Reizung des Brechzentrums durch die Medikamente verursacht wird [2, p. 419]. Jedoch kann diese Nebenwirkung durch die Gabe von verschiedenen antiemetischen Medikamenten gut in ihrer Schwere eingeschränkt werden [2, p. 416].

Zusätzlich sind Zytostatika durch ihre zellschädigende Wirkung stark toxisch; einerseits in Bezug auf das Herz, wodurch Rhythmusstörungen und Herzinfarkte auftreten können [2, pp. 419-420], andererseits wirken sie toxisch auf das Nervensystem, was dazu führt, dass die Wahrnehmung des Patienten beeinträchtigt werden kann und dieser sogar zeitweise die Kontrolle über seine motorischen Fähigkeiten verlieren kann. Außerdem schädigen Zytostatika Blase und Niere [2, p. 420], was aber durch eine angemessene Flüssigkeitszufuhr gedämpft werden kann [2, p. 416].

Durch einen starken Zellzerfall kann es zum Tumorlysesyndrom kommen, das bedeutet, dass die Niere durch einen sehr hohen Kaliumspiegel und einem hohen Harnsäurespiegel im Körper, was durch den starken und schnellen Zellzerfall verursacht wird, überlastet wird und es zu einem akuten Nierenversagen kommt. Dieses Syndrom ist sehr gefährlich, kann jedoch durch ausreichende Flüssigkeitszufuhr und gegebenenfalls durch Dialyse, also die künstliche Reinigung des Blutes, verhindert werden [2, pp. 420-421].

2.5 Fazit

Wie man sehen konnte ist die Chemotherapie ein immenser Eingriff in den ganzen Organismus, denn dadurch, dass die Zytostatika nicht spezifisch gegen einen Tumor wirken und somit auch Normalzellen schädigen, kommt es zu schwerwiegenden und nicht ungefährlichen Nebenwirkungen. Der Patient könnte den Eindruck bekommen, dass ihn die Chemotherapie kränker mache als das Karzinom an sich. So wäre es nicht verwunderlich, wenn einige Patienten entweder die Chemotherapie ablehnen würden oder sogar ihre Heilung in angeblich ungefährlichen und körperschonenden Naturheilmitteln suchen würden. Diese Hypothese soll am Übergang zum Hauptteil meiner Arbeit stehen und ich möchte nun ergründen, ob diese Hypothese wahr ist und ob es noch weitere Gründe gibt, dass Patienten sich für die Naturheilkunde entscheiden.

3 Komplementäre und Alternative Krebstherapie (CAM)

Vielen Menschen dürfte die Naturheilkunde wohl ein Begriff sein, doch oftmals werden darunter skurrile Behandlungsmethoden verstanden, so zum Beispiel die kleinen Kügelchen namens Globuli, die so ziemlich gegen jede Krankheit helfen sollen, wobei deren Wirksamkeit nicht bewiesen ist. Folglich mag es nun etwas eigenartig erscheinen, dass auch die Naturheilkunde im Bereich der Krebsbehandlung Fuß gefasst hat und auch dort eine breite Anhängerschaft erfahren hat. Als ich mich zum ersten Mal mit dem Thema Naturheilkunde in der Krebstherapie auseinandergesetzt habe, bekam ich jedoch den Eindruck, dass diese Sparte der Medizin mehr als „Chakra" ist. Nach intensiver Beschäftigung mit diesem Thema glaube ich, dass es die Naturheilkunde verdient hat in Zukunft mehr Aufmerksamkeit zu bekommen. Doch möchte ich diesen Teil meiner Arbeit nicht nur auf Naturheilkunde reduzieren – denn diese ist nur ein Teil der Komplementärmedizin -, sondern auch auf die Komplementärmedizin – ich werde im Folgenden immer von der „Complementary and Alternative Medicine" (CAM) oder von der Alternativmedizin sprechen (was in gewissem Sinne gleichbedeutend ist), da dies die gängige Bezeichnung ist – ausdehnen [6, p. 36].

3.1 Definition

Der internationale Sprachgebrauch definiert den Begriff „Komplementär- und Alternativmedizin" (CAM) als Hyperonym für die beiden Begriffe alternative Medizin und komplementäre (bzw. unkonventionelle) Medizin [6, p. 45]. Folgende Definition ließe sich aus eben diesen Begriffen synthetisieren: Die CAM beschreibt Behandlungsmethoden, die einerseits die schulmedizinischen Methoden, also jene, die an Universitäten gelehrt wird und deren Wirksamkeit mit Hilfe standardisierter Methoden wissenschaftlich bewiesen wurde, unterstützen sollen, folglich deren Wirksamkeit verstärken und Nebenwirkungen abmildern sollen. Andererseits beschreibt sie auch solche, die zwar außerhalb der etablierten Schulmedizin liegen, aber dennoch wirksam sollen, also eine echte Alternative zu Standards wären [6, pp. 42-46].

3.2 Stellenwert der CAM

Aufgrund der weltweiten Vernetzung durch das Internet und auch dem Tourismus in ferne Länder haben sich regionale Alternativmethoden weltweit verbreitet. So gaben Patienten in Deutschland bereits im Jahre 1993 3,3 Milliarden Euro für alternative Behandlungen aus, darunter eine Milliarde Euro für alternative Krebsbehandlungsmethoden [7, pp. 158-162] [8, pp. 614-616] und eine Telefonumfrage ergab, dass 43% der Befragten alternative Methoden (bei unterschiedlichsten Symptomen) verwendeten [9, pp. 70: e29-e36]. Dem gegenüber steht ein vergleichsweise geringer Umsatz von 0,015 Milliarden Euro für konventionelle Zytostatika [10]. Daraus lässt sich folgern, dass alternative Behandlungsmethoden sowohl häufige Anwendung finden, als auch, dass bereits ein Markt mit großem Umsatz entstanden ist.

3.3 Beweggründe der Patienten

Um die Beweggründe der Patienten zu erfahren, sollte man zuerst vor allem bei Krebs den Blick auf die Diagnose werfen, denn diese ist für viele Patienten ein tiefer Schock. Häufige Phänomene sind Angstgefühle, Hilf- und Hoffnungslosigkeit und das Gefühl des Kontrollverlusts [6, p. 94], wodurch eine objektive Betrachtung der gegenwärtigen Situation – wenn auch verständlicherweise – beeinträchtigt wird. Daraus folgt, dass Patienten oftmals nicht auf wissenschaftliche Evidenz vertrauen und somit zur Alternativmedizin greifen.

Man kann einen Gegensatz zwischen der Alternativmedizin und der Schulmedizin ausmachen, denn während sich die Schulmedizin auf ihrem wissenschaftlichen

Fundament basierend auf Evidenz beruft, also nach der Diagnose die statistisch am wahrscheinlichsten wirksame Methode wählt, währenddessen der Patient eher passiv bleibt bzw. in ihm „nur" die Krankheit gesehen wird und sich somit auch alleingelassen fühlen könnte, stellt die Alternativmedizin ein psychosoziales Konstrukt dar. Das zeigt sich daran, dass sie den Patienten als Einzelperson und nicht – drastisch ausgedrückt - als zu behandelndes Objekt, sondern der Mensch und nicht die Krankheit wird in den Mittelpunkt gestellt. Somit glaube ich, dass gerade dieser Aspekt dem Patienten Sicherheit geben kann und das Vertrauen in diese Art der Medizin gefördert wird.

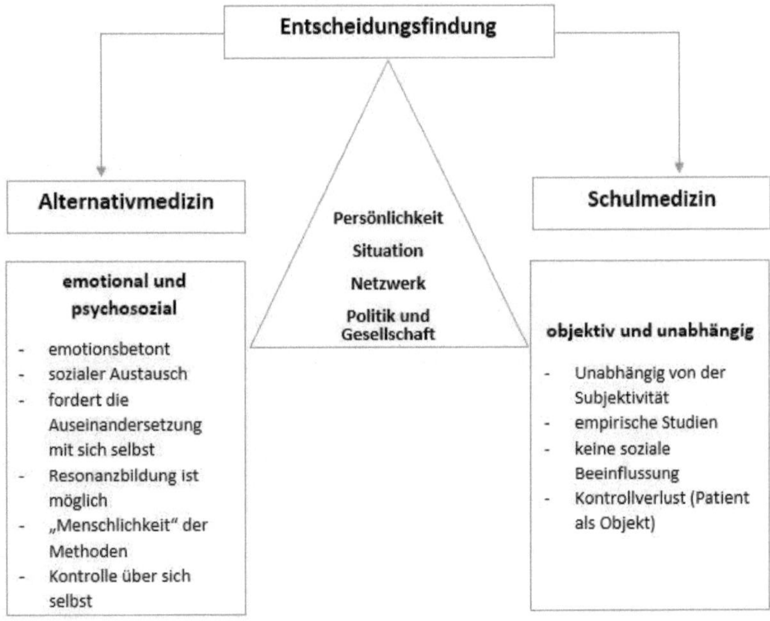

Quelle: K. Mündstedt (Hrsg.), Komplementäre und alternative Krebstherapien, Landsberg am Lech: ecomed Medizin, 2011, S.94 (gekürzt und adaptiert)

Dies lässt sich auch anhand des Resonanzkonzeptes des Soziologen und Sozialphilosophen Hartmut Rosa zeigen. Dieses Konzept basiert auf den diametralen Begriffen *Resonanz* und *Entfremdung*, wobei Resonanz meint, dass das Subjekt durch bestimmte Resonanzerfahrungen „berührt" wird – so zum Beispiel durch Gespräche, Zärtlichkeiten und Emotionen – und selbst andere „berührt", sich also als Selbstwirksam erfährt. Daraus erwächst ein Gefühl der wechselseitigen Verbindung und ein „Wohlgefühl", was man nahezu mit dem Begriff Sympathie gleichsetzen könnte. Wichtig sei jedoch, dass beide Seiten, also sowohl Subjekt als auch Objekt, *mit eigener Stimme* sprächen [11, p. 298], was bedeutet, dass hier das Objekt durchaus ein vernunftfähiges Wesen sein müsste und nicht z.B. eine Maschine. Der konträre Begriff *Entfremdung* dagegen meint das genaue Gegenteil, nämlich, dass das Subjekt nicht berührt wird und mitunter unverbunden der Welt bzw. dem Objekt gegenübersteht und somit die Welt als kalt, starr und abweisend empfindet [11, p. 316]. So scheint es mir evident, dass der Patient zur Schulmedizin, die durch ihre empirischen Verfahren durchaus als „objektive Medizin" bezeichnet werden könnte, keine Resonanzbeziehung aufbauen kann, da er diese als repulsiv erfahren könnte, so auch die „kalte" Atmosphäre im Krankenhaus währenddessen der Alternativmediziner dem Patienten als fester Ankerpunkt dient, zu dem er eine Resonanzbeziehung aufbauen kann, da er ja ein vernunftfähiges Wesen als Gegenüber hat. Es muss zugestanden werden, dass durchaus auch ein Schulmediziner dem Patienten als „Resonanzquelle" dienen könnte, indem er mit diesem redet und ihm als fester Ansprechpartner zur Verfügung steht, jedoch steht bei der Schulmedizin dennoch der Körper, der die Krankheit in sich trägt und nicht der Geist, den es zu berühren gilt, im Mittelpunkt.

Auch wird mit dem Begriff Naturheilkunde oftmals eine „sanfte" Medizin in Verbindung gebracht, die wenige bis keine Nebenwirkungen verursacht. Dies könnte am Begriff „Natur" selbst liegen, der „Natürlichkeit" evoziert.

Zusätzlich werden alternative Behandlungsmethoden von einigen Sensationsmedien überaus positiv dargestellt [12, pp. 108: 870-876] [13] und tragen somit einen großen Teil dazu bei, dass große Teile der Bevölkerung diesen Methoden überaus wohlwollend gesinnt sind.

3.4 Unkonventionelle Krebsdiagnostik

Im Folgenden soll ein Einblick in die gängigsten alternativen Diagnoseverfahren gegeben werden, die auch in der Bevölkerung eine große Anhängerschaft haben. So nutzten 30% der nicht chronisch Kranken diese Methoden; bei chronisch Kranken sind es bereits 50% [14]. Die Beliebtheit dieser Methoden lässt sich vor allem an der Universalität festmachen, das heißt die Methoden versprechen Krebs bereits in frühen symptomlosen Stadien und auch Veranlagungen für Krebs zu erkennen. Auch sind diese Diagnosemethoden wenig invasiv und erfordern keine häufigen Kontrolluntersuchungen, was dazu führt, dass einige Patienten diese Art der Diagnose bevorzugen [13].

Da viele der unkonventionellen Diagnoseverfahren wissenschaftlich nicht überprüft wurden, möchte ich im Folgenden zwei Verfahren darstellen, die im Rahmen von Studien überprüft worden sind.

3.4.1 Irisdiagnostik

Die Irisdiagnostik ist eine weit verbreitete unkonventionelle Diagnosemethode, denn sie wird von 80% der Heilpraktiker in Deutschland eingesetzt [15] [16, pp. 118: 120-121]. Die Theorie dieser Diagnosemethode ist es, dass die Iris der Spiegel unseres Körpers sei und somit Veränderungen wie zum Beispiel Anomalien der Pigmente Krankheiten und im Körper anzeigen sollten [17]. Der Patient wird bei der Untersuchung mit einem Irismikroskop auf diese Anomalien hin untersucht [18].

Nach einer Studie aus dem Jahre 2005 konnten jedoch nur 3 von 70 diagnostisch gesicherten Tumoren erkannt werden [19, pp. 11: 515-519].

3.4.2 Dunkelfeldmikroskopie

Die Dunkelfeldmikroskopie begründet sich auf den sogenannten Pleomorphismus, das bedeutet, dass es bei einer Erkrankung zum Ungleichgewicht des pflanzlichen Ursprungs des Körpers komme und es dann bestimmte Veränderungen im Körper gäbe [20], die mit einem Tropfen Blut unter dem Dunkelfeldmikroskop nachweisbar seien [21].

Nach einer Studie wurden nur 3 von 12 diagnostisch gesicherten Tumoren erkannt [22, pp. 12: 148-151].

3.4.3 Fazit

Aufgrund der genannten Studien konnte aufgezeigt werden, dass diese Arten der Diagnosemethoden nicht funktionieren. Auch muss angemerkt werden, dass diese Methoden eine hohe Anzahl an falsch-positiven Befunden lieferte und somit unnötige Angst verursachten [19] [22, pp. 12: 148-151].

3.5 Supportivtherapien

Nun möchte ich einige Möglichkeiten der alternativen Behandlungsmethoden darstellen, die darauf ausgerichtet sind die Nebenwirkungen der konventionellen Methoden zu lindern. Mir schien bei der Lektüre diese Art der Behandlung - aus der Sicht eines Laien – die am vielversprechendste, gerade deswegen, wie man im Folgenden sehen wird, weil dieses Gebiet die besten Erfolge erzielt.

3.5.1 Behandlung von Nausea und Emisis

Wie unter 2.4 bereits erwähnt, sind Nausea und Emisis eine sehr belastende Nebenwirkung der Chemotherapie, die auch mit konventionellen Medikamenten behandelt werden können. Jedoch besteht auch die Möglichkeit, diese Nebenwirkungen mit der Gabe von Ingwerpulver [23, pp. 39: 1710-1713] [24, pp. 15: 243-246], einer Akupressur am Punkt P6 [25, pp. 34: 813-820] und mit der Einnahme von Cannabis [26, pp. 70: 656-663] behandelt werden. Die Behandlung von Nausea und Emisis ist eine der wenigen alternativen Methoden, die durch Studien fast vollständig erforscht sind [6, p. 241], wodurch sie per definitionem eigentlich zur konventionellen Medizin gehören.

3.5.2 Behandlung des Tumor-assoziierten Erschöpfungssyndroms (TAES)

Das TAES ist ein Syndrom, das als entkräftende Nebenerscheinung der Krebserkrankung, der Krebstherapie an sich und dessen Nebenwirkungen auftritt, wobei dieses Syndrom multidimensional auftritt, also in den vielfältigsten Ausprägungen und Erscheinungen, was eine Therapie natürlich erheblich erschwert. TAES wird von vielen Patienten als noch schwerwiegender als die Schmerzen und die Übelkeit empfunden und schränkt somit die Lebensqualität erheblich ein, was auch in Verzweiflung münden kann. Dazu kommt, dass das TAES noch nicht komplett erforscht ist, wobei jedoch die Komplementärmedizin auf stressreduzierende Therapien setzt, die ich im Folgenden darstellen werde [6, p. 243].

Eine Möglichkeit der Behandlung sind pflanzliche Therapien, so waren in Studien Amerikanischer Ginseng (*Panax quinquefolius* L.) und die Mistel (*Viscum album* L.) sehr vielversprechend.

Akupunktur!

3.6 Fazit

Wie gezeigt wurde, sind alle Versuche Karzinome mit Hilfe von alternativen Methoden zu behandeln erfolglos. Jedoch gibt es auch Methoden wie die Supportivtherapien, die in Kombination mit schulmedizineschen Methoden durchaus Sinn machen können, insofern kein Risiko eingegangen wird und eine vollständige Aufklärung des Patienten stattfindet. Somit scheint es unverantwortlich die ganze Sparte der Alternativmedizin als unwirksam zu bezeichnen, jedoch kann man Heilversuche mit Hilfe jener als Scharlatanerie verurteilen. Evident wurde, dass Krebspatienten einen hohen Grad an psychischer Belastung erfahren und dadurch oftmals Zuflucht in einer resonanten, sympathischen und vermeintlich wirksamen Medizin suchen. Es stellt sich die Frage, inwiefern die konventionelle Medizin auch zum Erfolg der alternativen Medizin beiträgt und wie diese Probleme behoben werden können, die ich in der folgenden Diskussion zu erläutern versuche.

4 Diskussion

Wie in Kapitel 3.3 gezeigt wurde, benötigt der Mensch bestimmte psychisch wirksame Stimuli, damit er Gegenstände als sympathisch bzw. resonant erfährt. Die Naturwissenschaften jedoch, die versuchen die Welt mit Hilfe von Gesetzen, die sich in Gleichungen äußern, zu erklären, sind manchmal nicht in der Lage eben diese Resonanzbeziehungen aufzubauen und dem Patienten die für sie nötige Zuversicht zu geben. Deshalb stelle ich mir die Frage, ob wir als Gesellschaft nicht die Entscheidung von Patienten, ihr Heil in wenig erforschten und daher unsicheren Methoden zu suchen, hinnehmen müssen. Schließlich leben wir in einem Land, in dem Entscheidungen, die den eigenen Vorstellungen und Überzeugungen zuwiderlaufen, toleriert werden müssen, insofern sie anderen Personen nicht schaden oder Gesetze brechen.

Um die Frage aus der Einleitung, ob Naturwissenschaften nicht eine Sehnsucht des Menschen nach transzendenten Erfahrungen unterdrückten, noch einmal aufzugreifen möchte ich kurz die Diskurstheorie Michel Foucaults vorstellen. Nach dieser Diskurstheorie ist es vom Zeitpunkt abhängig, was in bestimmten Erörterungen als wahr gelte und was nicht. Somit werden bestimmte Aussagen und Vorstellungen aus dem Diskurs ausgeschlossen und als schlichtweg nicht wahr definiert [27]. Im Vorwort zu seinem Werk „Wahnsinn und Gesellschaft", das sich mit der Rolle des Wahnsinns und der Psychiatrie in der Gesellschaft beschäftigt, schreibt Michel Foucault: „Man könnte die Geschichte der *Grenzen* schreiben [...], mit denen eine Kultur [so auch die *Kultur der Wissenschaften*, oder die *Kultur der Religionen*; dieser Begriff ist somit auch auf andere Systeme übertragbar; Anmerkung des Verfassers] etwas zurückweist, was für sie *außerhalb* liegt [...]. Sie vollzieht darin die Abgrenzung, die ihr den Ausdruck ihrer Positivität [dieser Begriff ist durchaus wertend gemeint, also im Sinne von „richtiger und wahrer Inhalt", Anmerkung des Verfassers] verleiht [28, p. 9]". Die Naturwissenschaften weisen, was an der Struktur der Evidenzforschung liegt, transzendente Ereignisse, die nicht wissenschaftlich beweisbar sind, zurück und akzeptieren nur sichtbare, immanente Ereignisse, die durch ihre Methoden bewiesen worden sind, also für sie positiv sind. Jedoch fühlen sich manche Menschen von eben diesen unerklärbaren Ereignissen angezogen, was sich auch im Phänomen der Religion zeigt. Die Evidenzforschung unterdrückt aber eben diese Ereignisse; sie zieht, um mit Michel Foucault zu sprechen, eine Grenze zwischen erklärbaren und nicht erklärbaren Phänomenen und weist die erklärbaren als positiv aus. Sollte also die Wissenschaft Methoden anerkennen, die sie nicht erklären kann? Sollte sie sich also eingestehen, dass sie vielleicht nicht die völlige Wahrheit spricht, da ihre Aussagen und Thesen nur Annäherungen an die Wahrheit und relativ zur Zeit sind, was man zum Beispiel daran sieht, dass der Diskurs des 16. Jahrhunderts die Verwendung von Nüssen zur Heilung von „Wunden des Hirnschädels" als wahr denunzierte, und zwar deswegen, weil zwischen der Nuss und dem Schädel eine Analogiebeziehung bestehe – die Nuss habe eine harte Schale und ein weiches Inneres; dasselbe findet sich im Schädel, nämlich ein harter Schädelknochen und eine weiche Gehirnmasse -, wodurch eine Heilung garantiert sei [29, p. 58] [30, p. 33f]. Sollte die Wissenschaft sich eingestehen, dass sie die Alternativmedizin, die angibt manche Menschen geheilt zu haben, unterdrückt, weil sich diese „Wunderheilungen" der Erfahrung der Schulmedizin entziehen?

Meiner Meinung nach müsste die Wissenschaft alternative Methoden akzeptieren, wenn diese den Patienten nicht schaden würden. Mit der Wissenschaft verhält es sich nicht so wie mit der Religion, denn wenn jemand an einen Gott oder dergleichen glaubt, dann schadet er allenfalls sich selbst (zum Beispiel durch religiös motivierte Askese) und nicht anderen, wenn man vom Fanatismus und Fundamentalismus einmal absieht. Doch durch die Anwendung von unerforschten Methoden geht der Patient das Risiko seines

Todes oder einer Gesundheitsschädigung ein, und das können wir als Gesellschaft nicht akzeptieren; hier *muss* eine Grenze gezogen werden, allein schon aus Gründen der Humanität. Wenn eine Methode nicht erklärbar ist oder deren Wirksamkeit nicht bewiesen ist, kann ihre Anwendung in vielen Fällen gefährlich sein; dieses unumstößliche Faktum wird durch eine australische Studie über gesundheitliche Schäden bei Kindern, die durch alternative Medizin verursacht wurden, gesichert [31].

Auch wenn die Diskurstheorie Foucaults zur Skepsis gegenüber allen Formen des Ausschlusses und der Denunziation als Nicht-Wahrheit aufruft, so muss man doch auch als Skeptiker einsehen, dass eine transzendente Medizin, die vorgibt durch ihre alternativen Methoden zu heilen, jedoch vielen Menschen schadet und so ihrem eigenen Ziel, nämlich dem der Heilung, zuwiderläuft sich selbst widerspricht und als nicht-wahr denunziert werden darf. Dies sollte uns als Staatsgemeinschaft im Interesse aller legitimieren die Anwendung alternativer Heilmethoden bei sehr gefährlichen Krankheiten, welche bei Nicht-Behandlung durch konventionelle Medizin zu schweren Gesundheitsschäden beziehungsweise zum Tode führen würden, unter Strafe zu stellen.

Literaturverzeichnis

[1] M. Horkheimer, Gesammelte Schriften. Band 5: Dialektik der Aufklärung und Schriften 1940-1950, Frankfurt am Main: Fischer, 1987.

[2] Hiddemann, W.; Huber, H.; Bartram, C. (Hrsg.), Die Onkologie, Berlin, Heidelberg: Springer-Verlag, 2013.

[3] „Deutsches Krebsinformationszentrum," [Online]. Available: https://www.krebsinformationsdienst.de/behandlung/chemotherapie-einfuehrung.php. [Zugriff am 17. September 2016].

[4] [Online]. Available:
https://www.krebsinformationsdienst.de/behandlung/chemotherapie-substanzen.php.
[Zugriff am 17. September 2016].

[5] U. M. Althaus-Meißner, „Zur Pharmakokinetik von Cyclophosphamid und seinem
Metaboliten Phosphoramid Mustard in der Hochdosiskonditionierungstherapie vor
Knochenmarktransplantation," 2003. [Online]. Available: http://docserv.uni-
duesseldorf.de/servlets/DerivateServlet/Derivate-2421/421.pdf. [Zugriff am 17. April
2016].

[6] K. Mündstedt (Hrsg.), Komplementäre und alternative Krebstherapien, Landsberg am
Lech: ecomed Medizin, 2011.

[7] Drings P et al., Die moderne Krebsbehandlung: Wissenschaftlich begründete Verfahren
und Methoden mit unbewiesener Wirksamkeit, Onkologie, 1995.

[8] Lindner UK, Moderne Krebsbehandlung - wissenschaftlich begründete Verfahren und
Methoden mit unbewiesener Wirksamkeit. Gemeinsames Positionspapier der Deutschen
Krebsgesellschaft und der Deutschen Ges. für Pädiatrische Onkologie und Hämatologie,
Internist, 1995.

[9] Brücker B et al., The use of complementary alternative Medicine (CAM) in 1001 German
adult: Results of a population-bases Telefone survey, Gesundheitswesen, 2008.

[10] Wissenschaftlicher Beirat der Bundesärztekammer, Arzneibehandlung im Rahmen
"besonderer Therapierichtungen". 2. Auflage, Köln: Dt. Ärzteverlag, 1993.

[11] H. Rosa, Resonanz, Berlin: Suhrkamp Verlag, 2016.

[12] Brand A, Diagnostische Außenseitermethoden, Dtsch Med Wschr, 1983.

[13] Oepen I, Unkonventionelle medizinische Verfahren, Stuttgart: G. Fischer, 1993.

[14] Marstedt G, Moebus S, Gesundheitsberichterstattung des Bundes - Inanspruchnahme
alternativer Methoden in der Medizin, Berlin: Robert Koch-Institut, 2002.

[15] Federspiel K, Herbst V, Die andere Medizin - Nutzen und Risiken sanfter Heilmethoden,
Berlin: Stiftung Warentest, 1996.

[16] Ernst E, Iridology, not useful and potentially harmful, Arch Ophthalmol, 2000.

[17] Deck J., Grundlagen der Irisdiagnostik, Ettlingen: Selbstverlag, 1980.

[18
] Herget H., Schimmel H., Grundsätzliches zu Zeichen und Pigmenten der Iris und deren
physiologischen Zusammenhänge - Das Rezept aus dem Auge, Giessen: Pascoe GmbH,
1985.

[19] Mündstedt K. et al., Does Iridology Allow Detection of Susceptibility to Cancer) - A
Prospective Study, J Altern Complement Med, 2005.

[20] Rau T. et al., Workshop Isopathie, Blut-Dunkelfeld-Mikroskopie, Mykrosen- und Allergie-Therapie, Darmsanierung, Basis-Therapie der entzündlichen-rheumatischen Krankheiten, Zahnheilkunde, Hoya: Semmelweis Verlag und Sanum-Kehlbeck GmbH & Co. KG, 2000.

[21] Schwerdtle C., Arnoul F., Einführung in die Dunkelfelddiagnostik - Die Untersuchung des Nativblutes nach Prof. Dr. Günther Enderlein, Hoya: Semmelweis, 1993.

[22] El-Safadi S. et al., Erlaubt die Dunkelfeldmikroskopie nach Enderlein die Diagnose von Krebs - Eine prospektive Studie, Forsch Komplementarmed Klass Naturheilkd, 2005.

[23] Boone SA, Shields KM, Treating pregnancy related nausea and vomiting with ginger, Ann Pharmacother, 2005.

[24] Ozogli G. et al., Effects of ginger capsules on pregnancy, nausea and vomiting, J Altern Complement Med, 2009.

[25] Dibble SL et al., Accupressure for chemotherapy-induced nausea and vomiting: a randomized clinical trial, Oncol Nurs Forum, 2007.

[26] Duran M. et al., Preliminary efficacy and safety of an oromucosal standardized cannabis extract in chemotherapy included nausea and vomiting, Br J Clin Pharmacol, 2010.

[27] [Online]. Available: http://www.geisteswissenschaften.fu-berlin.de/v/littheo/glossar/diskurs.html. [Zugriff am 17. September 2016].

[28] M. Foucault, Wahnsinn und Gesellschaft - Eine Geschichte des Wahns im Zeitalter der Vernunft, Frankfurt am Main: Suhrkamp Taschenbuch Verlag, 1973.

[29] M. Foucault, Die Ordnung der Dinge, Frankfurt am Main: Suhrkamp Taschenbuch Verlag, 1971.

[30] O. Crollius, Traité des signatures, in: La Royale Chymie de Crollius, Lyon, 1624.

[31] [Online]. Available: http://www.spiegel.de/wissenschaft/medizin/australische-studie-alternativmedizin-kann-kindern-schaden-a-736325.html. [Zugriff am 20. September 2016].

[32] [Online]. Available: https://upload.wikimedia.org/wikipedia/commons/thumb/0/0e/Phosphamidmustard.svg/220px-Phosphamidmustard.svg.png. [Zugriff am 15. März 2016].

[33] [Online]. Available: http://icanhasscience.com/wp-content/uploads/2011/09/DNA-Alkylation-with-Nitrogen-Mustard-e1317044804735.jpg. [Zugriff am 15. März 2016].

[34] [Online]. Available: http://www.arzneistoffe.net/images/Cyclophosphamid.svg.png. [Zugriff am 15. März 2016].